DEUTSCHE AKADEMIE DER WISSENSCHAFTEN ZU BERLIN

Veröffentlichungen der Sternwarte in Sonneberg

Band 5 · Heft 4

F. BÖRNGEN, N. RICHTER

Experimentelle Untersuchungen zur Beleuchtung interplanetarer Materie II. Teil

Streuung und Polarisation elektromagnetischer Wellen an Wolken feiner Partikel unregelmäßiger Gestalt

Akademie-Verlag · Berlin 1962

F. Börngen · N. Richter

Experimentelle Untersuchungen zur Beleuchtung interplanetarer Materie II. Teil

Streuung und Polarisation elektromagnetischer Wellen an Wolken feiner Partikel unregelmäßiger Gestalt

Veröffentlichungen der Sternwarte in Sonneberg · Band 5 · Heft 4

DEUTSCHE AKADEMIE DER WISSENSCHAFTEN ZU BERLIN

Veröffentlichungen der Sternwarte in Sonneberg

Band 5 · Heft 4

F. BÖRNGEN, N. RICHTER

Experimentelle Untersuchungen zur Beleuchtung interplanetarer Materie II. Teil

Streuung und Polarisation elektromagnetischer Wellen an Wolken feiner Partikel unregelmäßiger Gestalt

Mit 24 Abbildungen und 1 Tabelle

Akademie-Verlag · Berlin 1962

Erschienen im Akademie-Verlag GmbH, Berlin W 8, Leipziger Straße 3—4

Lizenznummer: 202 · 100/542/62
Gesamtherstellung: VEB Druckerei „Thomas Müntzer“ Bad Langensalza
Bestellnummer: 2006/V/4 · ES 18 D 4 · Preis: DM 5,20

INHALTSVERZEICHNIS

Zusammenfassung

An frei schwebenden Teilchen, die sowohl hinsichtlich ihrer Größe als auch ihrer geometrischen Form und ihrer stofflichen Beschaffenheit exakt definiert sind, wurden die Streufunktionen und die Abhängigkeit des Polarisationsvermögens vom Streuwinkel experimentell bestimmt. Es handelt sich sowohl um dielektrische als auch metallische Partikel von der Größenordnung 10^{-4} cm. Probleme der Mehrfachstreuung und Extinktion wurden gleichfalls behandelt. Die Untersuchungen geschahen bei den isophoten Wellenlängen von 520 nm, 480 nm und 425 nm.

Abstract

Scattering functions and the polarisation power depending of scattering angle were determined on clouds of free suspended particles of exactly known diameters, geometrical forms and mineralogical substance. The experiments included both dielectrical and metallic particles of 10^{-4} cm in diameter. Problems of multiple scattering and extinction were likewise investigated. The investigation took place in the isophote wave lengths 520 nm, 480 nm and 425 nm.

Einleitung

Vorliegende Untersuchung bildet den Abschluß einer Folge von experimentellen Arbeiten, die dazu dienen sollen, die Beleuchtungsgesetze an Interplanetarer Materie zu studieren. Während in zwei vorangegangenen Publikationen [1, 2] Körper von der Größenordnung 10^{-2} cm und 10^0 bis 10^1 cm untersucht wurden, handelt es sich im vorliegenden Fall um Teilchen von der Größenordnung 10^{-4} cm. An ihnen wurde im freischwebenden Zustand die Streuung und Polarisation elektromagnetischer Wellen studiert. Dabei wurden sowohl dielektrische als auch metallische Teilchen beobachtet. Eine vorläufige Übersicht über die Hauptresultate der gesamten experimentellen Arbeiten ist bereits in einer kleineren Sonderveröffentlichung mitgeteilt worden [3].

An den Versuchen und ihrer Auswertung beteiligte sich Herr Dipl.-Phys. Börngen in so hervorragendem Maße, daß seine Zeichnung als Mitautor selbstverständlich erscheint. Weiterhin halfen bei den Experimenten und ihrer Auswertung in dankenswerter Weise Fräulein Gundela Kalbe, Herr stud. phys. Neugebauer und Herr stud. astr. Gaudig. Herr Prof. Dr. Jung, Silikose-Forschungs-Institut Lauscha, stellte uns freundlicherweise seine Konimeter-Einrichtung zur Verfügung und unterstützte uns mit wertvollen Ratschlägen.

Experimentelle Aufgabe

An freischwebenden Teilchen, die sowohl hinsichtlich ihrer Größe als auch ihrer geometrischen Form und ihrer stofflichen Beschaffenheit exakt definiert sind, sollten die Streufunktionen und die Abhängigkeit des Polarisationsvermögens vom Streuwinkel festgestellt werden.

Die Streufunktion entspricht der in unseren vorangegangenen Publikationen diskutierten Phasenkurve. Der dort benutzte Phasenwinkel α ist mit dem Streuwinkel ϑ durch die Beziehung $\alpha = 180° - \vartheta$ verbunden (siehe Abb. 1). Die Messung des gestreuten Lichtes in zwei zueinander senkrechten Schwingungsebenen sollte gleichzeitig die Abhängigkeit des Polarisationsgrades des gestreuten Lichtes vom Phasenwinkel bzw. Streuwinkel ergeben.

Schließlich sollten Wolken verschiedener Konzentration beobachtet werden, um auch die Effekte der Mehrfachstreuung und Extinktion zu studieren.

Beschreibung der Versuchsanordnung und Durchführung der Versuche

Die Versuchsanordnung ist in ihren Grundzügen genau die gleiche, wie sie in der vorangegangenen Publikation beschrieben ist. Beleuchtungsapparat und Photometer waren die gleichen, und es wurde ebenfalls bei den drei isophoten Wellenlängen

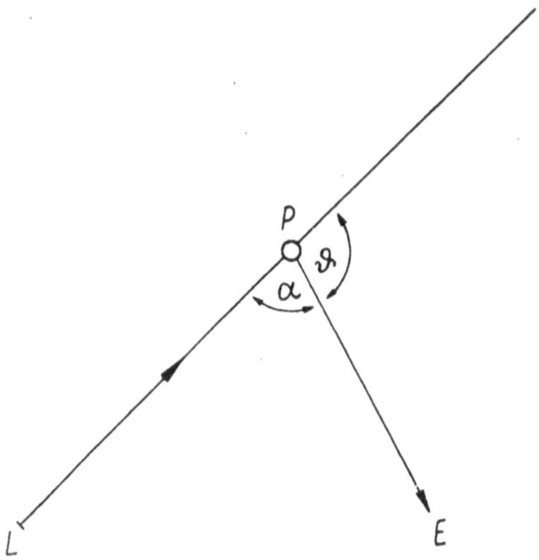

Abb. 1. L = Beleuchtungsquelle
P = streuendes Partikel
E = Empfänger
α = Phasenwinkel
ϑ = Streuwinkel

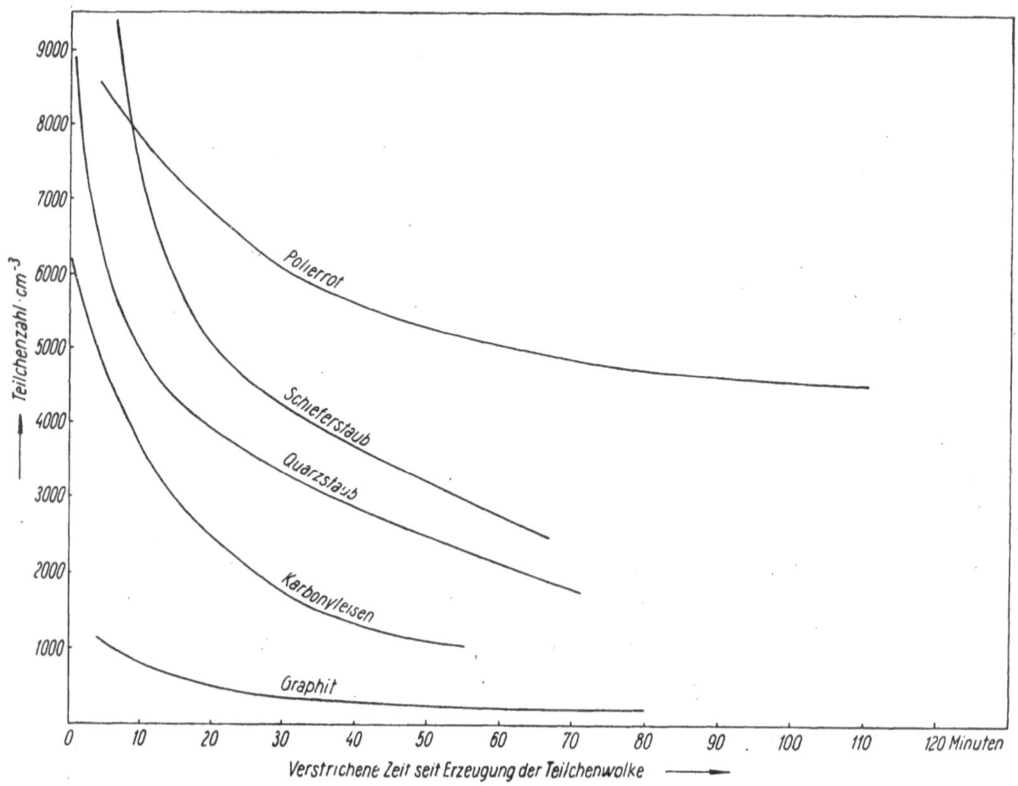

Abb. 2. Experimentelle Abklingkurven der Teilchenzahlen für verschiedene Staubsorten

λ 425 nm, 480 nm und 520 nm beobachtet. Die Messung in zwei zueinander senkrechten Schwingungsebenen geschah durch Polaroid.

Die freischwebenden Staubwolken erzeugten wir auf folgende Art und Weise: Durch ein Gebläse, in dessen aufwärts gerichteten Luftstrom die Staubproben geworfen wurden, wurde der Staub zunächst gegen die Decke des Beleuchtungsraumes geblasen, wo er sich gleichmäßig seitlich ausbreitete und — allmählich absinkend — sich homogen über den ganzen Raum verteilte. Nach Abschaltung des Gebläses herrschte im Beleuchtungsraum sehr bald keinerlei Strömung mehr, sodaß die Wolke gleichmäßig stagnierte. Der einzige Bewegungsvorgang in dem stauberfüllten Raum blieb das allmähliche Absinken der Teilchen, bei dem naturgemäß die größeren (schwereren) Partikel schneller zu Boden sanken. Durch eine entsprechende Wartezeit vor dem Beginn der eigentlichen Messungen konnte so eine Ausfilterung der groben Teilchen erhalten werden. Danach begann in schneller Folge die Photometrierung eines durch Blenden ausgesonderten beleuchteten Raumstückes der Wolke in den einzelnen Phasenwinkeln. Der maximale Winkel, unter dem der ausgeblendete Teil der Wolke vom Photometer aus gesehen wurde, betrug 0°5. Eine Messungsreihe von 21 Meßpunkten im Phasenwinkelbereich von 6° bis 170° dauerte im allgemeinen 8 bis 10 Minuten.

Von Zeit zu Zeit wurde aus diesem Raumstück während der Messungsreihen mit dem Konimeter eine Staubprobe entnommen, aus der man sowohl die jeweilige Konzentration der gemessenen Wolke (Anzahl der Teilchen pro cm^3) als auch die Verteilungsfunktion der Partikelgrößen empirisch entnehmen konnte. Typische Zeitkurven der Teilchenzahlen für verschiedene Staubsorten sind aus Abb. 2 zu ersehen. Man erkennt das exponentielle Abklingen der Teilchenzahlen mit der Zeit. Man sieht aber auch, daß man bei der kurzen Zeitdauer eines Messungssatzes von nur 8 bis 10 Minuten mit einer mittleren Teilchenzahl pro Volumeneinheit rechnen kann, sofern man zu Zeitpunkten mißt, für die der flachere Teil der Abklingkurven gilt. In den steileren Bereichen wurde die Änderung der Teilchenzahl während der Messungsreihe bei der Auswertung berücksichtigt.

Reduktion auf Einheitsvolumen

Bei den Auswertungen mußten zunächst alle Beobachtungen auf ein Einheitsvolumen der erleuchteten Staubwolke bezogen werden. Dieses Einheitsvolumen hatte bei den gegebenen geometrischen Versuchsbedingungen einen Wert von 82 cm^3 und war beim Phasenwinkel $\alpha = 90°$ realisiert. Zu diesen geometrischen Versuchsbedingungen ist noch folgendes zu sagen:

In dem völlig dunklen, mit der Staubwolke gleichmäßig erfüllten Beleuchtungsraum ist nur derjenige Teil der Wolke sichtbar, der jeweils von dem parallelen Lichtbündel aus dem Beleuchtungsapparat getroffen wird. Dieses Bündel hatte einen rechteckigen Querschnitt von 9,8 cm Grundlinie und 2,7 cm Höhe. Der von ihm erleuchtete Teil der Wolke erschien als heller Balken im dunklen Beleuchtungsraum. Von diesem Balken wurde nun aus dem Photometerraum durch das Photometer jeweils nur ein Ausschnitt gesehen, dessen Größe durch Blenden bestimmt war. Sie gaben einen Sehkanal von 4,9 cm Grundlinie und 1,7 cm Höhe frei. Das vom Photometer aus effektiv gesehene beleuchtete Raumstück der Wolke kam also an derjenigen Stelle des Beleuchtungsraumes zu stehen, wo Beleuchtungskanal und Beobachtungskanal sich durchdrangen. Der Inhalt dieses Raumstückes ist nicht konstant, sondern hängt vom Phasenwinkel α ab. Abb. 3 zeigt die Verhältnisse in zweidimensionaler Darstellung (Grundriß) für den Fall, daß Beleuchtungskanal und Beobachtungskanal in einer Ebene liegen. Der Winkel α entspricht dem Phasenwinkel. Die Durchdringungsfläche beider Kanäle ist schraffiert.

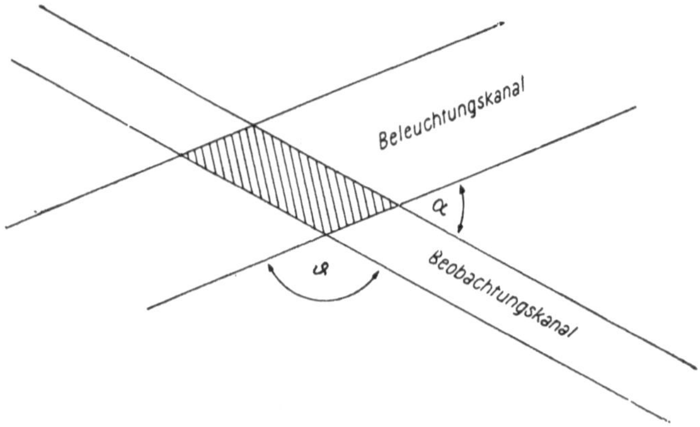

Abb. 3

Sie hat bei $\alpha = 90°$ die kleinste Ausdehnung F_{90}. Bei allen anderen Phasenwinkeln gilt die Beziehung

$$F_\alpha = \frac{F_{90}}{\sin\alpha}.$$

Man kann die Beziehung natürlich auch auf die von den beiden Kanälen ausgeschnittenen Volumina anwenden. Es gilt dann unter der (im Experiment erfüllten) Voraussetzung, daß die Höhe des Beobachtungskanales stets innerhalb der Höhe des Beleuchtungskanales liegt,

$$V_\alpha = \frac{V_{90}}{\sin\alpha}.$$

Mit dieser Funktion müßte man die bei den einzelnen Phasenwinkeln gemessenen Helligkeitswerte reduzieren, um sie auf das Einheitsvolumen bei $\alpha = 90°$ zu beziehen und damit die Phasenkurven zu normieren.

Es war jedoch die Bedingung, daß Beleuchtungskanal und Beobachtungskanal in der gleichen Ebene liegen sollten, bei den Messungen aus experimentiertechnisch-räumlichen Gründen nicht erfüllbar. Beide Kanäle waren zur Tischebene, auf der sich der Arm der Beleuchtungsapparatur bewegte, etwas geneigt. Der Sehstrahl vom Photometer zur Tischebene wies eine Neigung von $2\overset{\circ}{.}8$ nach unten auf und der Beleuchtungsstrahl verlief von der Tischebene um $3\overset{\circ}{.}2$ aufwärts.

Die gegenseitige Neigung der beiden Kanäle hängt vom Winkel α wie folgt ab: Bei $\alpha = 180°$ ergibt sie sich aus der Differenz der beiden Winkel zu $0\overset{\circ}{.}4$. Die beiden Kanäle liegen in diesem Falle praktisch in einer Ebene. Man kann diese Bedingung auch noch für kleinere Winkel bis $\alpha = 90°$ gelten lassen. Wir dürfen also im Bereich von $\alpha = 180°$ bis $90°$ immer noch mit der Beziehung

$$V_\alpha = \frac{V_{90}}{\sin \alpha}$$

rechnen.

Anders sind die Verhältnisse im Winkelbereich von $\alpha = 90°$ bis $0°$. Hier muß die geringe Neigung der beiden Kanäle berücksichtigt werden. Bei $\alpha = 0°$ addieren sich die Neigungen der beiden Kanäle zu 6°,0. Das von ihnen ausgeschnittene Raumstück hat die Größe

$$V_0 = 2.6 \cdot V_{90},$$

wie sich leicht nachrechnen läßt.

Die Funktion V_α zwischen $\alpha = 0°$ und $\alpha = 90°$ hat eine komplizierte analytische Form. Sie wurde daher empirisch bestimmt und wie folgt tabuliert, wobei $V_{90} = 1$ gesetzt wurde.

Tabelle I

α	V_α	α	V_α
0°	2,60	50°	1,37
10	2,55	60	1,20
20	2,25	70	1,10
30	1,90	80	1,02
40	1,57	90	1,00

Das Beobachtungsmaterial

Das Material, das zur Erzeugung von Staubwolken benutzt wurde, erstreckte sich auf folgende Teilchensorten:

1. Eisenstaub (Karbonyleisen), Fe,
2. Schieferstaub,
3. Quarzstaub, SiO_2,
4. Graphitstaub, C,
5. Polierrot, Fe_2O_3.

Es wurden keine Gemische zwischen diesen Teilchensorten erzeugt. Es wurde im Gegenteil versucht, die einzelnen Sorten möglichst rein zu beobachten, was jeweils eine sorgfältige Säuberung des Beleuchtungsraumes erforderte, ehe zu den Messungen an einer anderen Teilchensorte übergegangen werden konnte. Die angegebene Liste entspricht auch der zeitlichen Folge, in der die einzelnen Arten im Meßprogramm eingereiht waren. Die Reinheit der einzelnen Sorten konnte durch Konimeterproben geprüft werden.

Im folgenden sollen die gemessenen Teilchensorten und die mit ihnen erzeugten Wolken näher beschrieben werden.

Eine wichtige Rolle spielt dabei die Häufigkeitsverteilung der Teilchengrößen innerhalb einer Sorte. Sie wurde außer durch Konimeterproben noch durch besondere Versuche bestimmt, die wie folgt angelegt waren:

Der Teilchenstaub wurde — so wie bei Beginn der photometrischen Messungen — gegen die Decke des Meßraumes abgeblasen und dann sich selbst etwa 10–20 Minuten überlassen, bis der Raum strömungsfrei war und die ganz groben Partikel zu Boden gesunken waren. Dann wurden in der Höhe der optisch beobachteten Wolke Glasplättchen ausgelegt. Sie wurden so lange exponiert (etwa 60 bis 120 Minuten), wie bei der entsprechenden Teilchensorte die Dauer der Messungsreihe der Streufunktionen gewesen war, sodaß die Ermittlung der Häufigkeitsfunktion der Teilchengrößen unter den gleichen Bedingungen stattfand, unter denen die photometrische Messung der Streufunktion erfolgte. Die Teilchengrößen wurden dann unter einem Meßmikroskop ausgezählt.

1. Eisenstaub

Es handelt sich um größere Mengen von Karbonyleisen, das vom Elektrochemischen Kombinat Bitterfeld in dankenswerter Weise zur Verfügung gestellt wurde. Normalerweise besteht der Staub aus feinsten kugelförmigen Eisentröpfchen. Bei der Wolkenbildung zeigte sich jedoch oft das Bestreben zur Agglomeration in Traubenform. Es waren dabei Trauben von 3–20 Eisenkugeln zu beobachten. Der Effekt ist wahrscheinlich auf magnetische Eigenschaften der Eisenkugeln zurückzuführen.

Bei der Ermittlung der Verteilungskurve der Teilchengrößen wurde eine Traube jeweils als ein einzelnes Partikel gezählt, und alle in der Verteilungskurve ersicht-

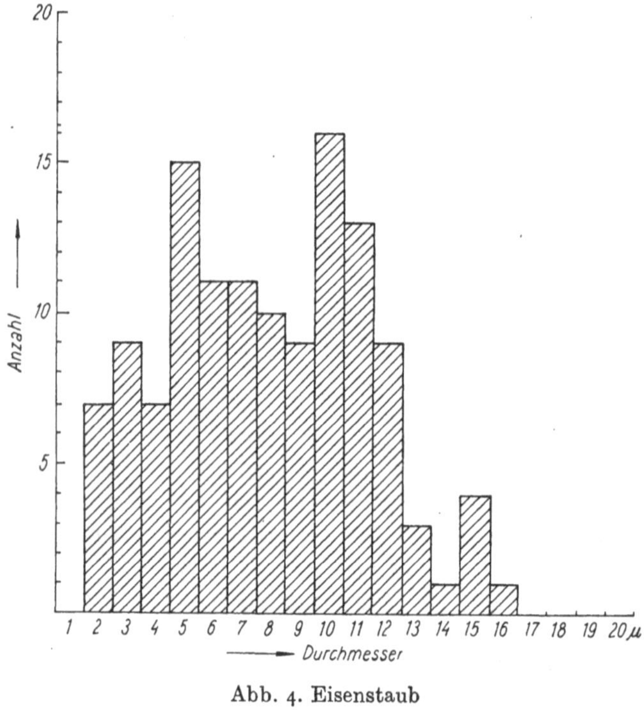

Abb. 4. Eisenstaub

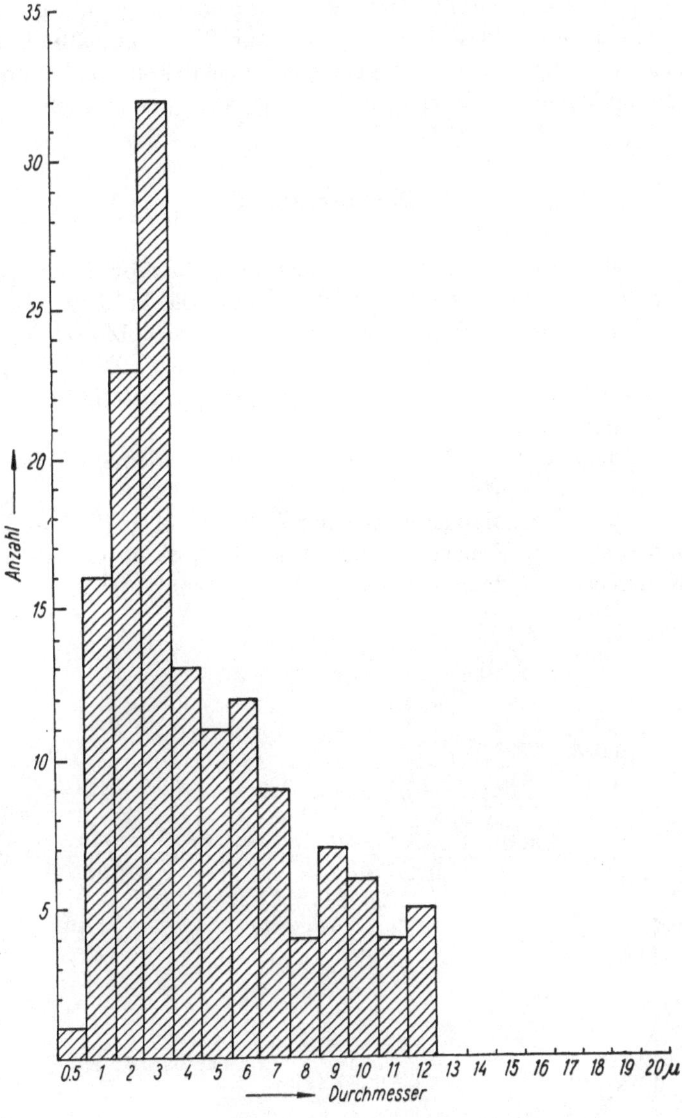

Abb. 5. Schieferstaub

lichen Teilchengrößen von größer als 2 μ sind auf solche Trauben zurückzuführen. Teilchen kleiner als 2 μ kamen nicht vor.

Die Verteilungskurve ist in Abb. 4 zu ersehen.

2. Schieferstaub

Das Material wurde vom VEB Schiefergruben Steinach, Abteilung Mineralmahlwerk, geliefert und hat die Bezeichnung „Schiefermehl Type 00 hell aus dem Schwarzatal".

Die Teilchen erwiesen sich unter dem Mikroskop als unregelmäßig begrenzte oder gezackte Bruchstücke von kristallinischer Struktur. Sie waren halbdurchsichtig. Die untere Grenze der Teilchengröße liegt bei 0,5 μ. Kleinere Teilchen kommen nicht vor.

Die Verteilungskurve der Teilchengrößen ist in Abb. 5 zu ersehen.

3. Quarzstaub

Es handelt sich um ein Quarzmehl der Quarzwerke GmbH-Köln, das unter der Typenbezeichnung „Sikron F 500" vertrieben wird. Die Probe wurde uns freundlicherweise durch Herrn Professor Dr. WINKEL vom Staubforschungsinstitut des Hauptverbandes der gewerbl. Berufsgenossenschaften e.V., Bonn, überlassen.

Die Teilchen erwiesen sich als unregelmäßige, zackige, kristallinische Bruchstücke, sie waren halbdurchsichtig.

Die untere Grenze der Teilchengröße beträgt 0,5 μ, kleinere Teilchen kommen nicht vor.

Die Abb. 6 zeigt die Verteilungsfunktion der Teilchengrößen. Von der Firma wurde ebenfalls eine Kurve der Kornverteilung mitgeliefert, die in die Abbildung eingezeichnet ist. Man erkennt, daß die beiden Verteilungsfunktionen im wesentlichen das

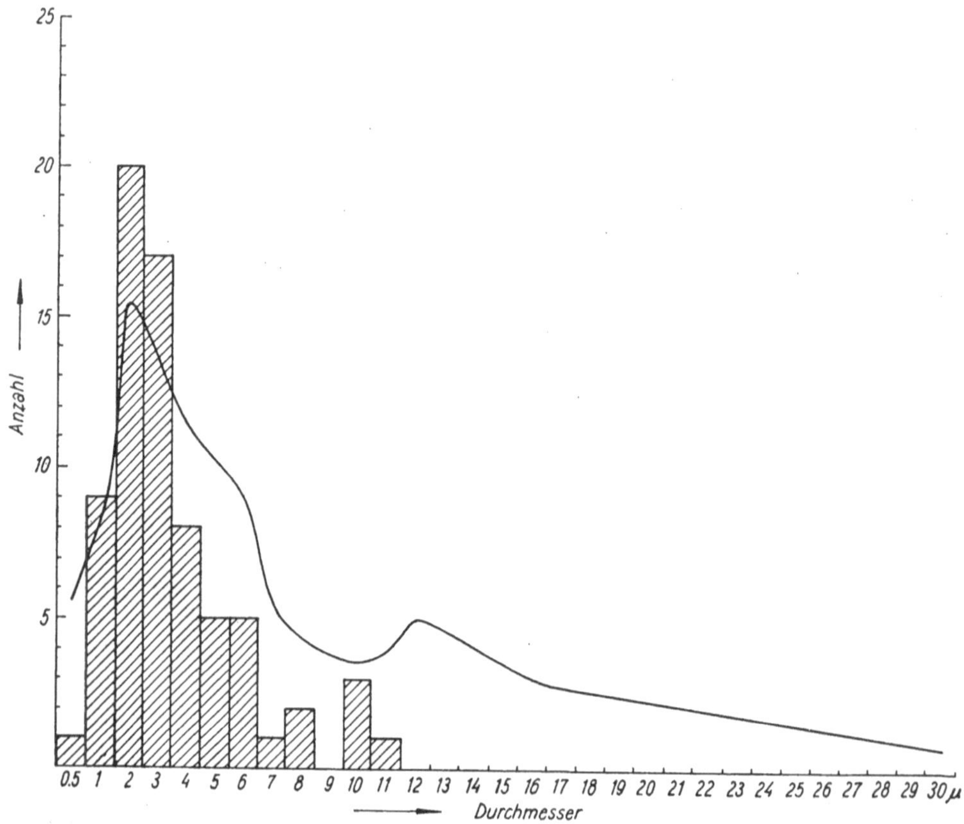

Abb. 6. Quarzstaub

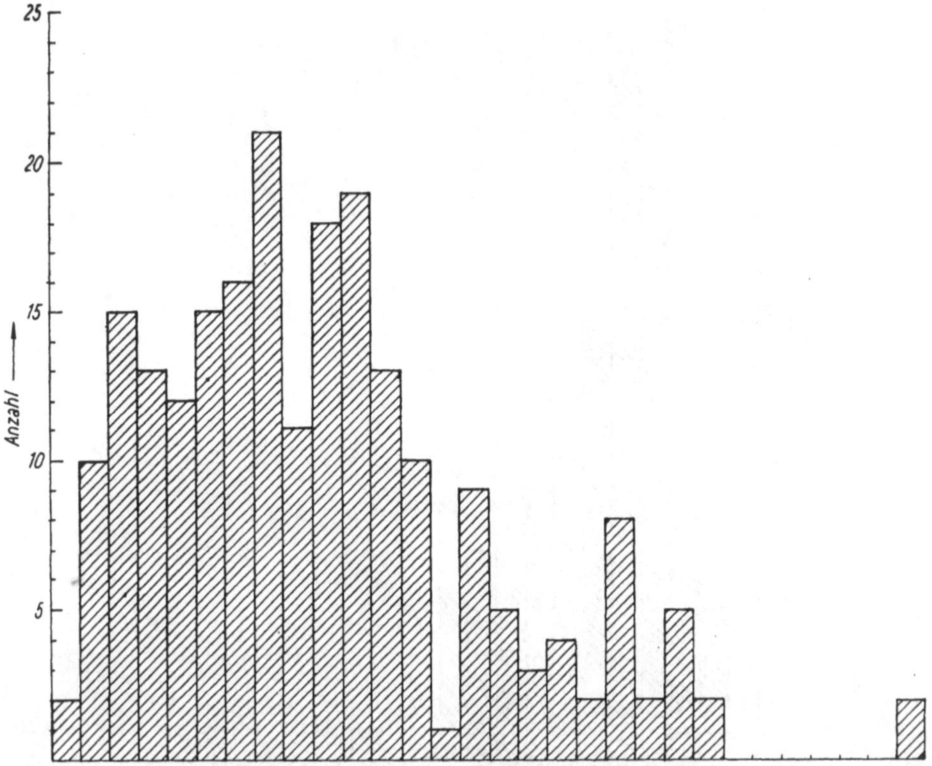

Abb. 7. Graphitstaub

gleiche Resultat ergeben, mit dem Unterschied, daß bei der von uns ermittelten Funktion die groben Teilchen schon äolisch ausgesintert sind, so wie es auch für die Beobachtungen vorgesehen war.

4. Graphitstaub

Es wurde ein Präparat der Firma Humann in Dohna verwandt. Im Institut für Grubensicherheit und Arbeitsschutz der Bergakademie Freiberg/Sa. wurde die Struktur des Graphits durch Röntgenaufnahmen nach Debye-Scherrer von Herrn Dipl.-Min. Drees genau untersucht. Es handelt sich danach um sogenannten α-Graphit (dihexagonal-dipyramidal) mit einer Schichtenfolge von 1-2-1-2-1-2. Unter dem Mikroskop erwiesen sich die Teilchen als unregelmäßig geformte, halbdurchsichtige Kristallsplitter. Etwa 10% von ihnen erschienen nadelförmig.

Die Verteilungskurve der Teilchengrößen ist in Abb. 7 zu ersehen. Die untere Grenze der Teilchen liegt bei 1 μ. Kleinere Teilchen kommen nicht vor.

5. Polierrot

Es handelt sich um ein normales kommerzielles Gemisch, dessen Kurve der Teilchenhäufigkeit in Abb. 8 zu ersehen ist. Die untere Grenze der Teilchen liegt bei 0,5 μ. Kleinere Teilchen kommen nicht vor.

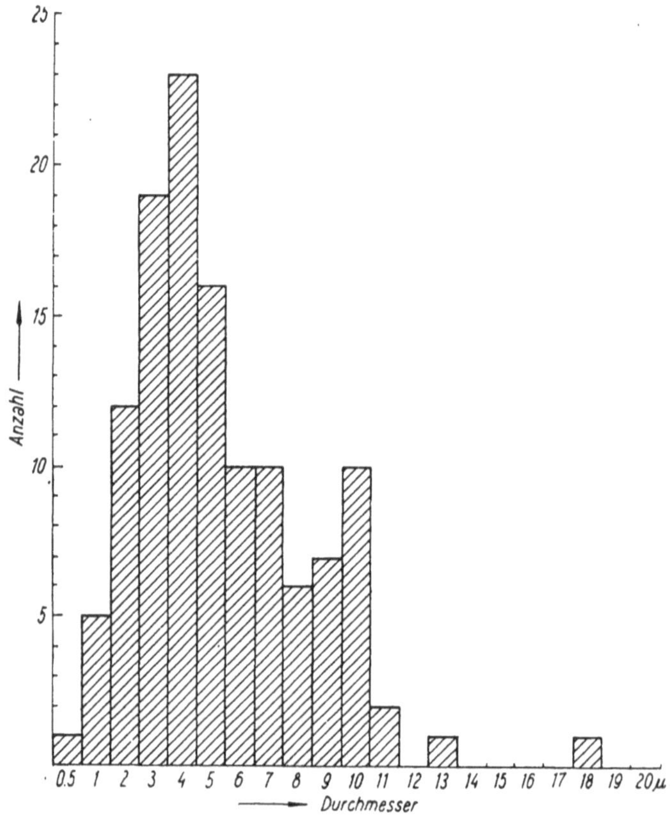

Abb. 8. Polierrot

Man erkennt aus den Verteilungsdiagrammen ganz allgemein, daß es sich bei den untersuchten Teilchensorten um mittlere Teilchengrößen von 2 bis 3 μ handelt. Eine Ausnahme bilden Karbonyleisen und Graphit, wo das Teilchengrößenspektrum wesentlich breiter ist und die mittlere Teilchengröße (sofern man sie überhaupt auf 1 μ genau angeben will) bei etwa 8 μ liegt.

Ergebnisse

a) Polarisationsvermögen in Abhängigkeit vom Phasenwinkel

Die Abb. 9 bis 13 zeigen die Polarisationskurven (Abhängigkeit des Polarisationsgrades des reflektierten bzw. gestreuten Lichtes vom Phasenwinkel bzw. Streuwinkel) für die einzelnen Teilchensorten. Die Definition des Polarisationsgrades und seine Messung ist bereits in der vorhergehenden Publikation [2] (S. 175) beschrieben worden.

Die Betrachtung der einzelnen Kurven ergibt folgende allgemeine Gesichtspunkte:

1. Das Maximum der Polarisation liegt für Teilchen der hier betrachteten Größenordnung bei einem Streuwinkel von 90–100°. Dies gilt sowohl für dielektrische als auch metallische Partikel.

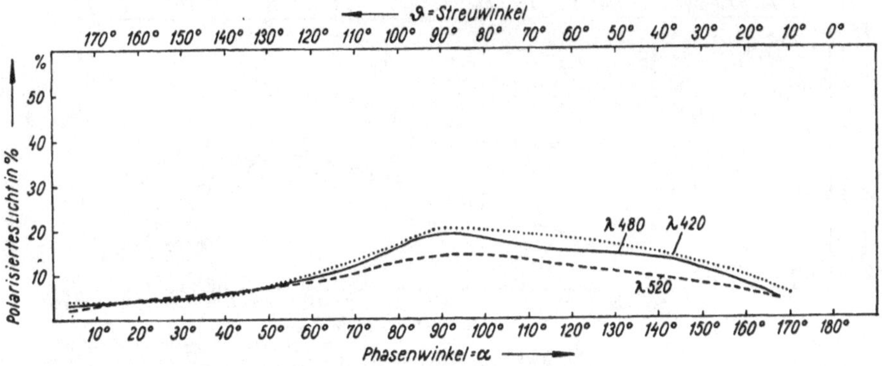

Abb. 9. Eisenstaub [1])

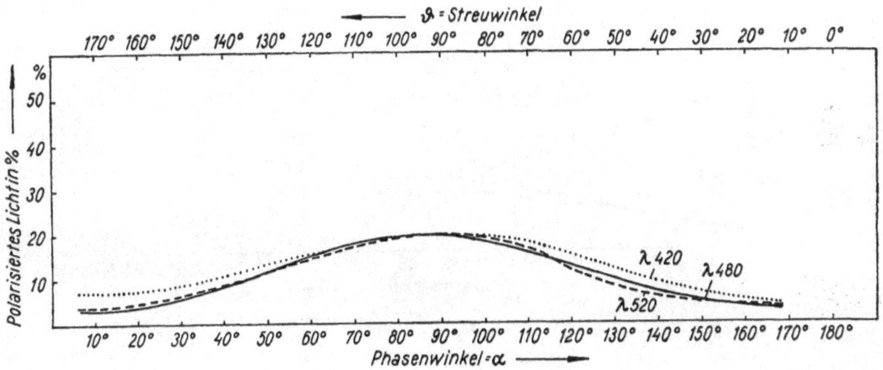

Abb. 10. Schieferstaub

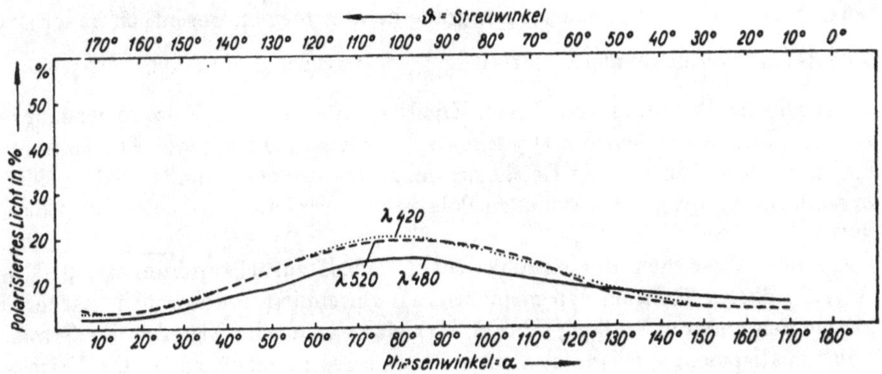

Abb. 11. Quarzstaub

[1]) In den Abb. 9—12 muß statt λ 420 gelesen werden: λ 425.

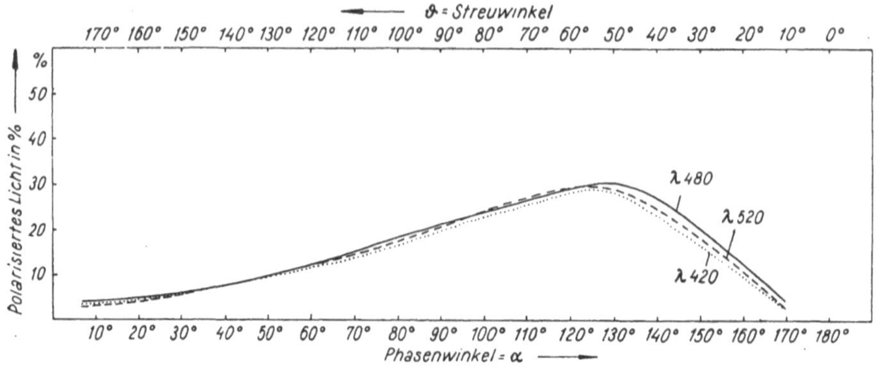

Abb. 12. Graphitstaub

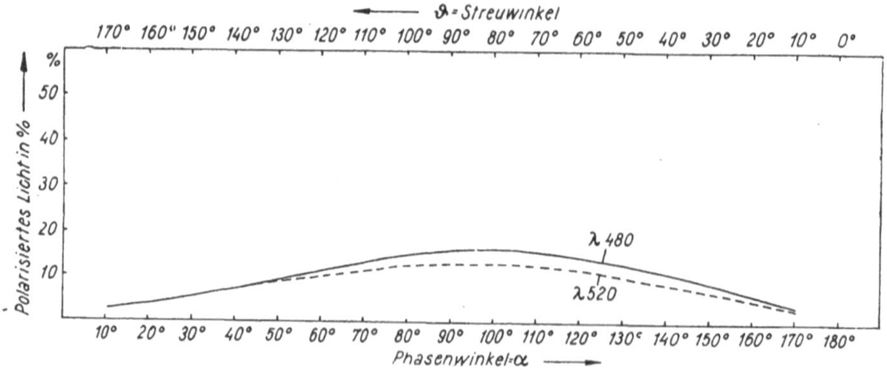

Abb. 13. Polierrot

2. Für dielektrische Partikel verlaufen die Polarisationskurven zu diesem Maximum symmetrisch.

3. Für die metallischen Partikel ist die Kurve unsymmetrisch derart, daß bei kleineren Streuwinkeln die Polarisationsgrade im allgemeinen wesentlich höher sind.

4. Der Betrag der maximalen Polarisation liegt zwischen 16 und 20%.

5. Abweichende Resultate von diesen Ergebnissen zeigen die Polarisationskurven für Graphit. Sie haben die typische asymmetrische Form, wie wir sie bereits früher bei Teilchen von der Größenordnung 10^0—10^1 cm gefunden haben (Meteoriten). Der Betrag der maximalen Polarisation erreicht dabei einen Wert bis zu 30%.

   Ob das Abweichen der Graphit-Kurve darauf zurückzuführen ist, daß der Anteil gröberer Teilchen von mehr als 10 μ Durchmesser wesentlich stärker ist als bei den anderen Wolken, oder ob hier eine spezifische Eigenart der Graphitteilchen allgemein vorliegt, ist nicht ohne weiteres zu entscheiden. Die Verfasser halten die letztere Möglichkeit für wahrscheinlich.

6. Die Polarisationskurven scheinen eine geringe Abhängigkeit von der Wellenlänge des Lichtes zu zeigen, derart, daß der Polarisationsgrad bei langwelligem Licht um ein Geringes niedriger ist als im kurzwelligen Bereich. Besonders mar-

kant tritt der Effekt bei metallischen Partikeln hervor, wo er bei Streuwinkeln $< 110°$ sehr deutlich ist.

Eine Ausnahme bildet wiederum die Polarisationskurve von Graphit, wo der umgekehrte Fall angedeutet scheint, ohne daß jedoch seine Realität als eindeutig bewiesen betrachtet werden kann.

b) *Typische Phasenkurven bzw. Streufunktionen*

In den Abb. 14 bis 18 werden die typischen Phasenkurven der 5 gemessenen Teilchensorten wiedergegeben. Wie man aus den mitgeteilten Teilchenzahlen pro Kubikzentimeter erkennt, ist es gelungen, außerordentlich verdünnte Wolken zu messen. Das Verhältnis von mittlerem Teilchendurchmesser zu mittlerem Teilchenabstand liegt in der Größenordnung von 1:200 bis 1:500, wobei für Karbonyleisen und Graphit mit mittleren Teilchengrößen von 8 μ, für die anderen Partikelsorten mit 3 μ gerechnet wurde. Der Quotient $\frac{\text{Umfang}}{\text{Wellenlänge}}$ würde für den Fall kugelförmiger Teilchen für λ 480 nm bei den ersteren 52, bei den letzteren 19 betragen.

Ein Effekt merklicher Mehrfachstreuung oder Extinktion ist bei diesen Dichten kaum zu erwarten.

Die Streufunktionen der 4 dielektrischen Teilchensorten ähneln sich im wesentlichen. Dagegen weicht die Streufunktion metallischer Partikel (Karbonyleisen)

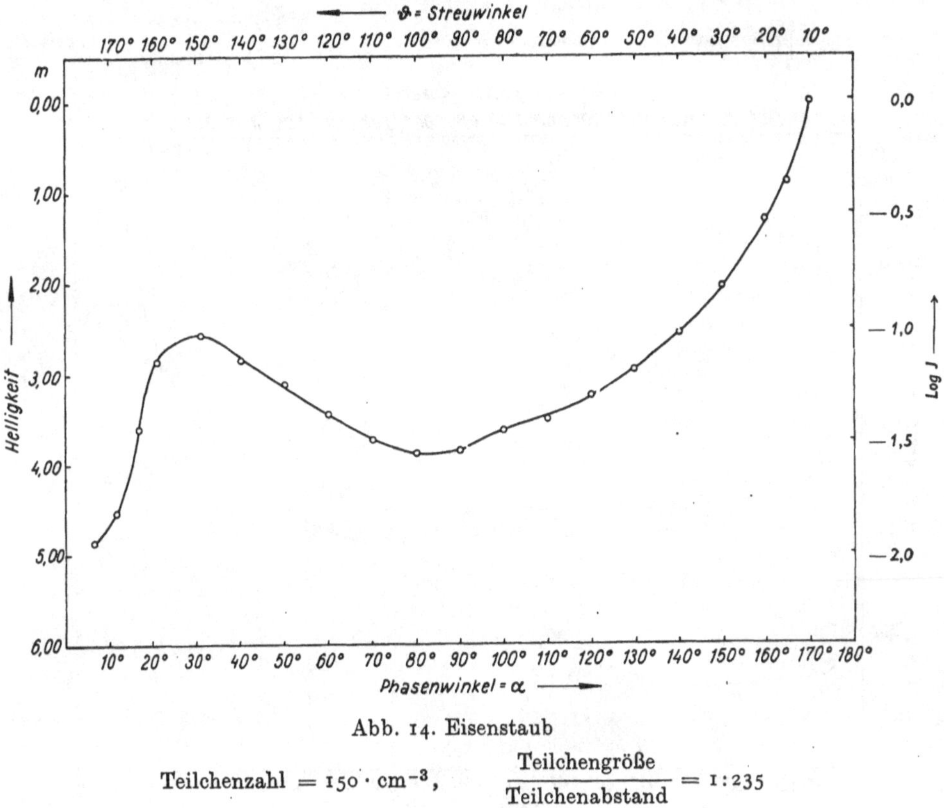

Abb. 14. Eisenstaub

$$\text{Teilchenzahl} = 150 \cdot \text{cm}^{-3}, \qquad \frac{\text{Teilchengröße}}{\text{Teilchenabstand}} = 1:235$$

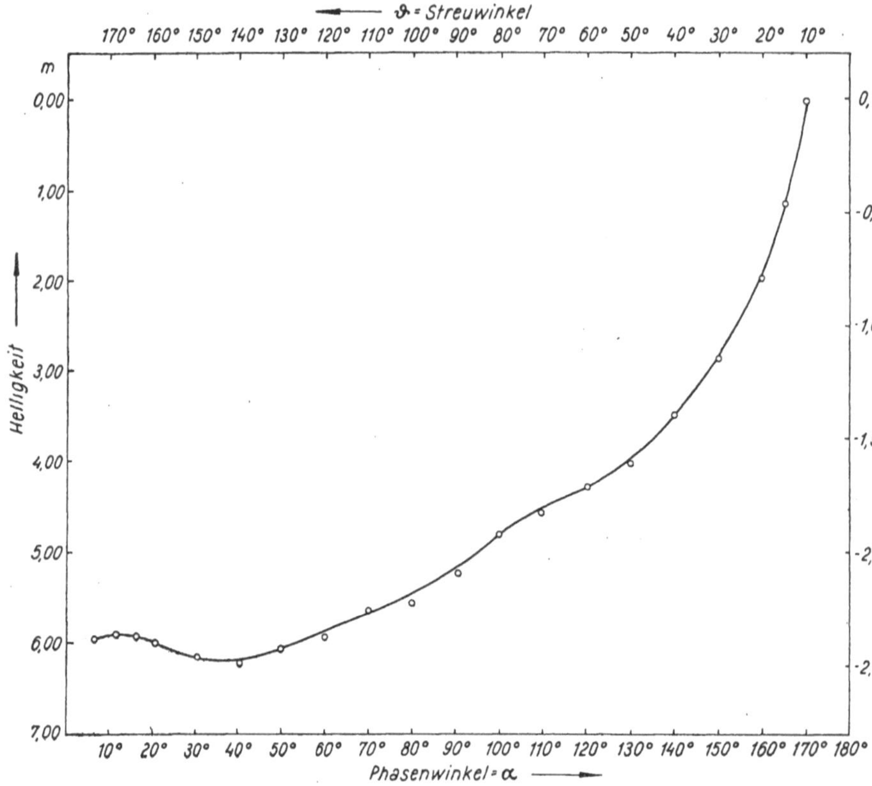

Abb. 15. Schieferstaub, Teilchenzahl = $500 \cdot cm^{-3}$, $\frac{\text{Teilchengröße}}{\text{Teilchenabstand}} = 1:420$

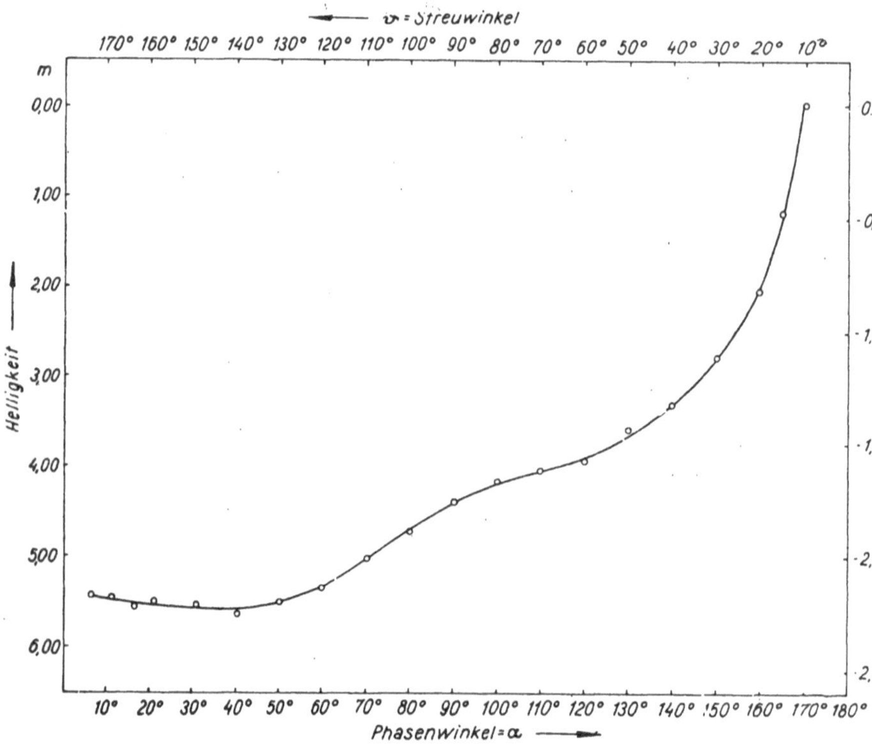

Abb. 16. Quarzstaub, Teilchenzahl = $300 \cdot cm^{-3}$, $\frac{\text{Teilchengröße}}{\text{Teilchenabstand}} = 1:500$

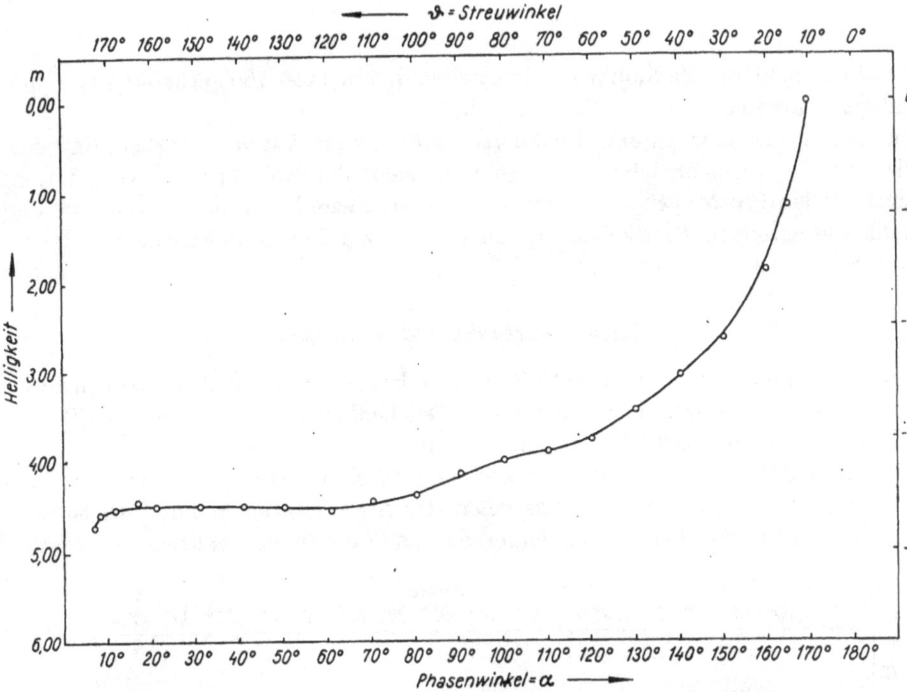

Abb. 17. Graphitstaub, Teilchenzahl = $225 \cdot cm^{-3}$, $\frac{\text{Teilchengröße}}{\text{Teilchenabstand}} = 1:205$

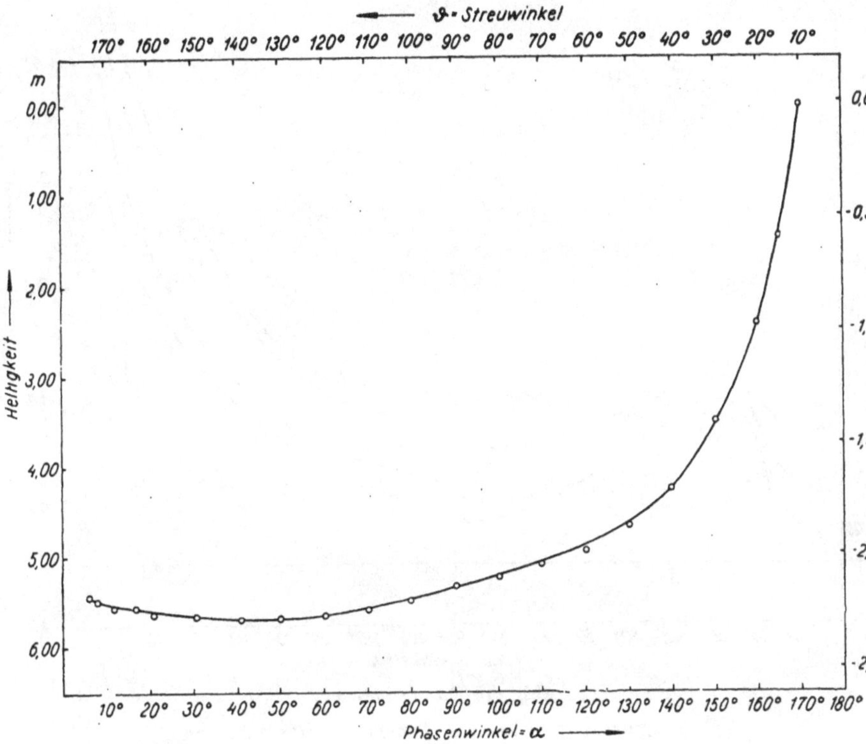

Abb. 18. Polierrot, Teilchenzahl = $1560 \cdot cm^{-3}$, $\frac{\text{Teilchengröße}}{\text{Teilchenabstand}} = 1:290$

durch ihr sekundäres Maximum bei Streuwinkeln von 150—160° erheblich von den 4 anderen Kurven ab.

Aus den in den Kurven eingezeichneten Meßpunkten läßt sich ersehen, daß der Verlauf der Kurven sehr sicher zu ziehen war. Die in den Abb. 14 bis 18 vorgelegten Kurven stellen Prototypen einer jeweils größeren Anzahl von Meßkurven dar, die sich für die einzelnen Partikelsorten alle fast bis zur Identität ähneln und damit ihre Reproduzierbarkeit beweisen.

c) *Mehrfachstreuung und Extinktion*

Eine Abweichung von dieser Identität der einzelnen Kurven ergibt sich jedoch dort, wo im Experiment durch Verdichtung der Teilchenkonzentration etwaige Effekte von Mehrfachstreuung oder Extinktion auftreten.

Die Gedankengänge zur Prüfung dieser Effekte sind folgende: Vorhanden sind für einzelne Teilchensorten Messungsreihen der Streufunktionen mit jeweils verschiedener Teilchenkonzentration. Unter der im Experiment realisierten Voraus-

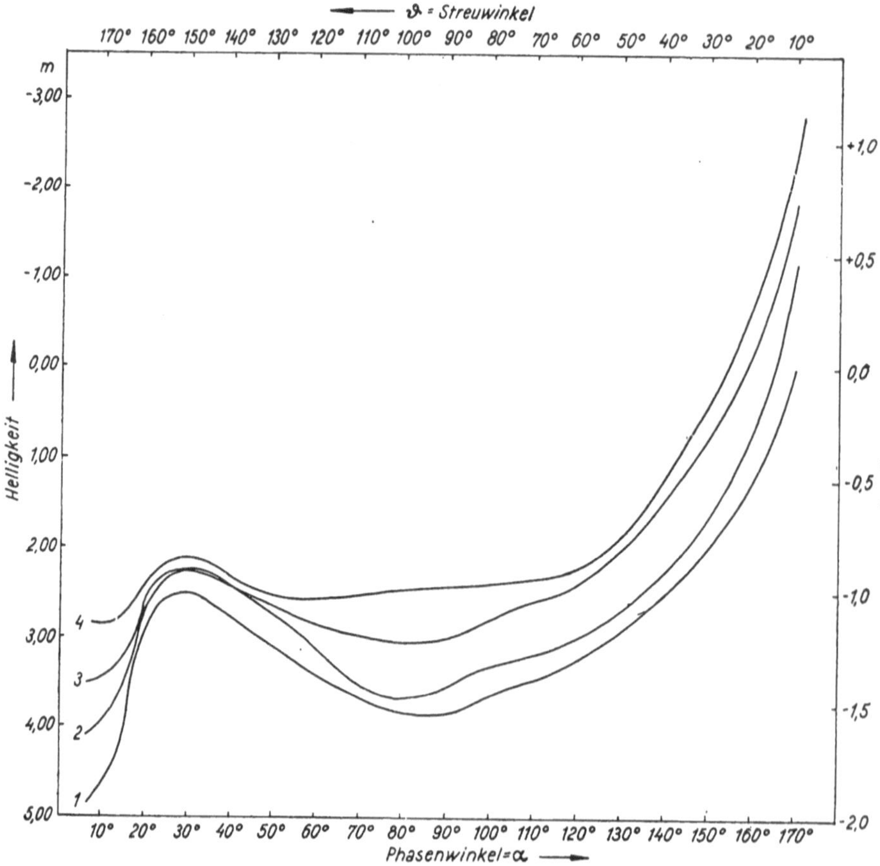

Abb. 19. Eisenstaub

Phasenkurven verschiedener Teilchenkonzentrationen

Kurve 1:	150 Partikel cm^{-3}	Kurve 2:	240 Partikel cm^{-3}
Kurve 3:	460 „ cm^{-3}	Kurve 4:	750 „ cm^{-3}

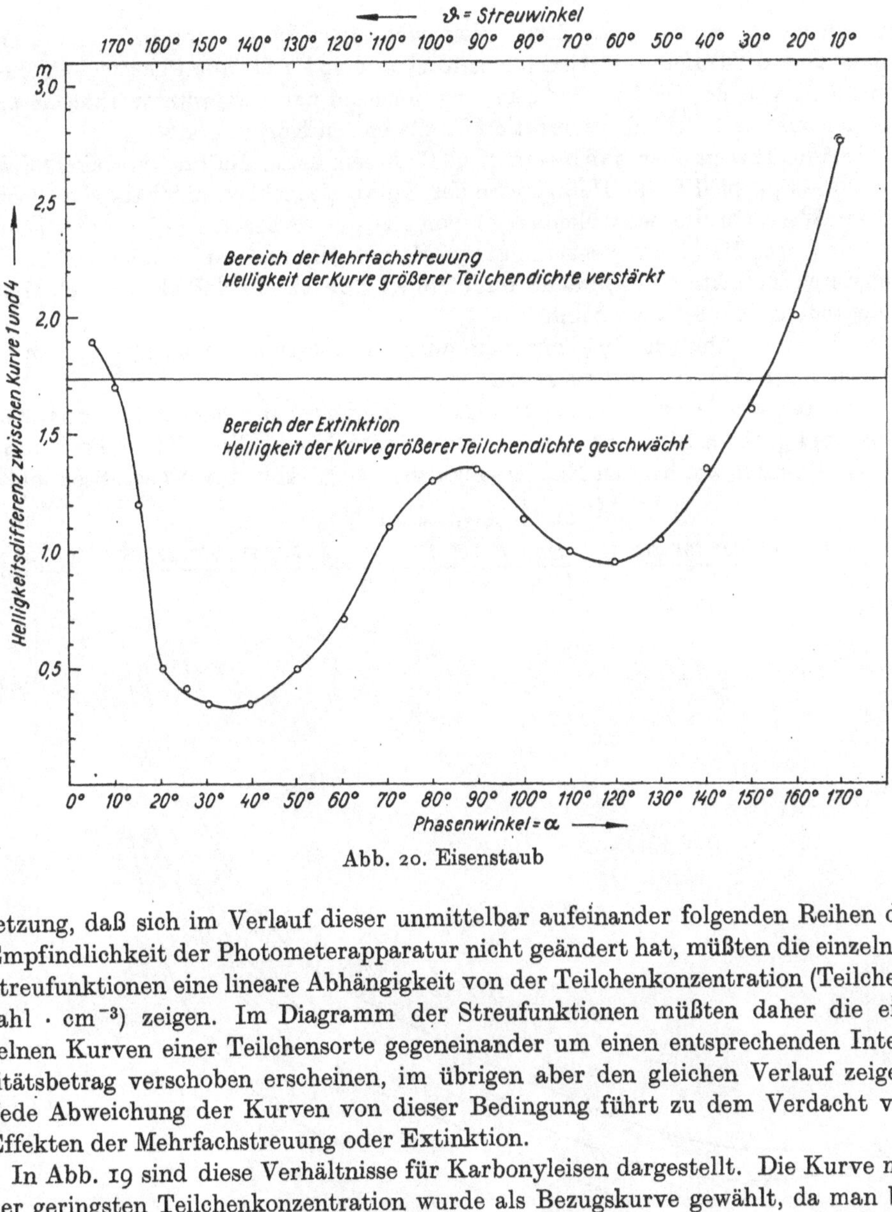

Abb. 20. Eisenstaub

setzung, daß sich im Verlauf dieser unmittelbar aufeinander folgenden Reihen die Empfindlichkeit der Photometerapparatur nicht geändert hat, müßten die einzelnen Streufunktionen eine lineare Abhängigkeit von der Teilchenkonzentration (Teilchenzahl · cm^{-3}) zeigen. Im Diagramm der Streufunktionen müßten daher die einzelnen Kurven einer Teilchensorte gegeneinander um einen entsprechenden Intensitätsbetrag verschoben erscheinen, im übrigen aber den gleichen Verlauf zeigen. Jede Abweichung der Kurven von dieser Bedingung führt zu dem Verdacht von Effekten der Mehrfachstreuung oder Extinktion.

In Abb. 19 sind diese Verhältnisse für Karbonyleisen dargestellt. Die Kurve mit der geringsten Teilchenkonzentration wurde als Bezugskurve gewählt, da man bei ihr am wenigsten mit Mehrfachstreuung oder Extinktion zu rechnen hat. Ihr wurde beim Phasenwinkel $\alpha = 170°$ die Intensität 1,0 zugeordnet.

Zunächst fällt ganz generell auf, daß bei der Kurve 4 mit der dichtesten Teilchenkonzentration eine ganz erhebliche Verflachung des sekundären Maximums bei $\alpha = 30°$ eintritt. Der Effekt ist so eklatant und in den Gruppen 2—4 progressiv ausgeprägt, daß an seiner Realität nicht zu zweifeln ist.

Er könnte als eine Extinktionswirkung bei größeren Teilchendichten gedeutet werden. Um diese Frage näher zu untersuchen, wurden die Helligkeitsdifferenzen der beiden extremen Kurven 1 (dünne Wolke) und 4 (dichte Wolke) für die verschiedenen Phasenwinkel gebildet und graphisch aufgetragen. Abb. 20 zeigt das Ergebnis.

An sich müßte, sofern weder Extinktion noch Mehrfachstreuung in Kurve 4 enthalten sind, die Differenz zwischen den Kurven 1 und 4 für alle Phasenwinkel konstant und von der Größe $1^m_,75$ sein, entsprechend dem Intensitätsverhältnis 1:5, das sich aus der Teilchenkonzentration für die beiden Kurven ergibt.

Die Abb. 20 zeigt aber, daß davon keine Rede sein kann. Im Phasenwinkelbereich von 10°—150° bleiben die Helligkeiten der Kurve 4 erheblich unter diesem theoretischen Wert. Im Phasenwinkelbereich von 160°—170° liegen sie über dem theoretischen Wert. Man könnte sagen, daß bei Kurve 4 im ersteren Bereich die Helligkeit durch Extinktion geschwächt, im letzteren Bereich die Helligkeit durch Mehrfachstreuung verstärkt erscheint.

Es liegt eine ähnliche Messungsreihe auch für Quarzstaub vor. Der Verlauf der Kurven ist in Abb. 21 wiedergegeben.

Die graphische Darstellung der Helligkeitsdifferenzen der beiden extremen Kurven 1 und 4 dieser Reihe ist aus Abb. 22 zu entnehmen. Sie zeigt im Prinzip das gleiche Resultat wie bei den Eisenstaubkurven (siehe Abb. 20). Theoretisch müßte

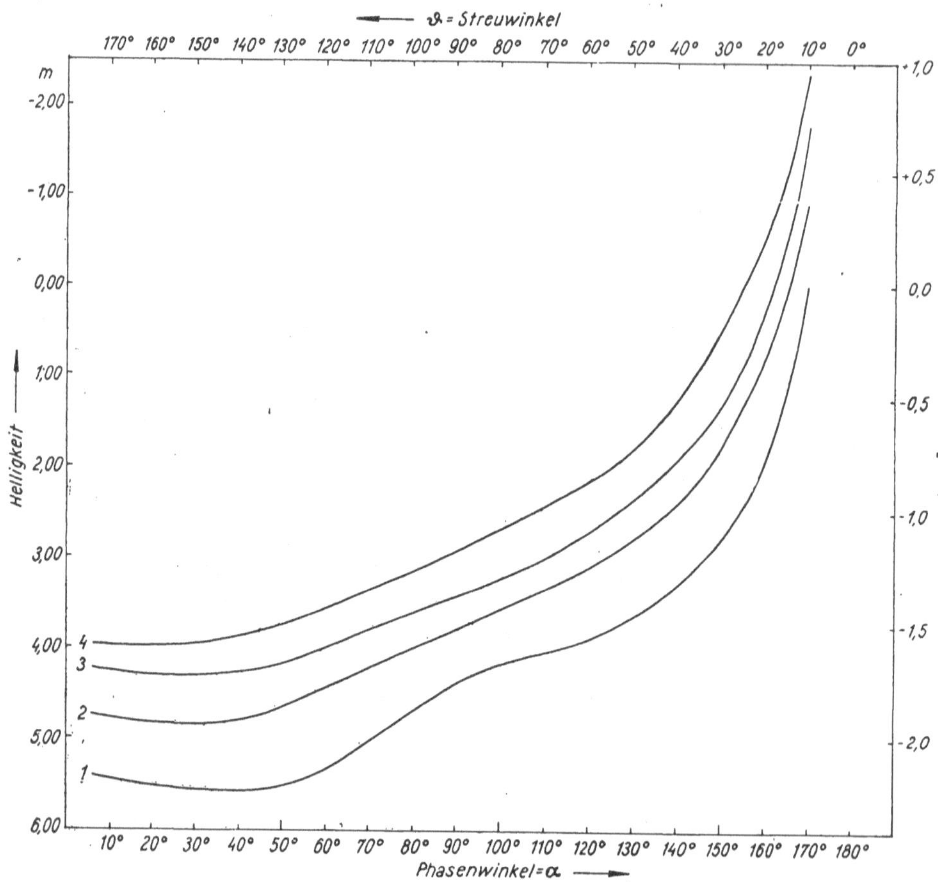

Abb. 21. Quarzstaub

Phasenkurven verschiedener Teilchenkonzentrationen

Kurve 1: 300 Partikel cm^{-3}	Kurve 2: 800 Partikel cm^{-3}
Kurve 3: 1250 ,, cm^{-3}	Kurve 4: 2500 ,, cm^{-3}

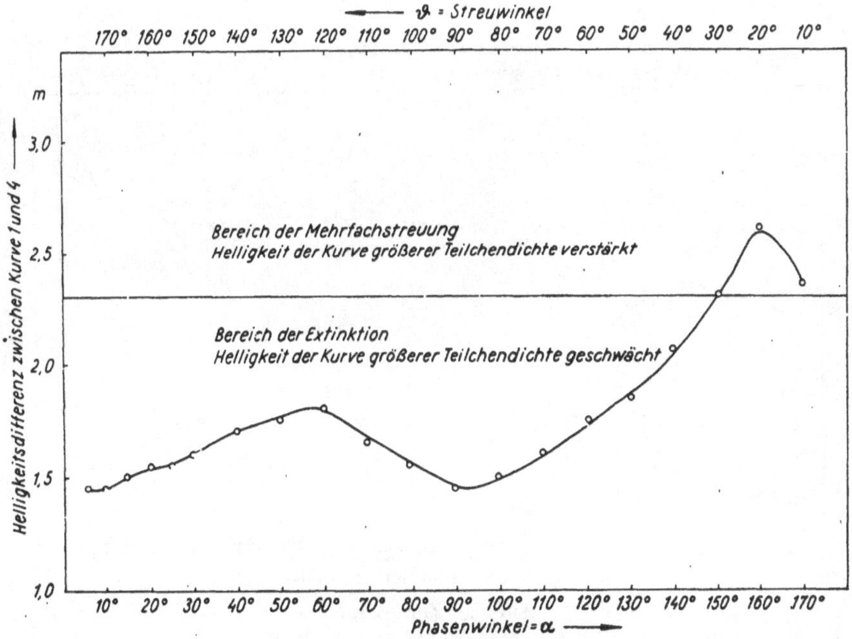

Abb. 22. Quarzstaub

die Helligkeitsdifferenz dieser Kurven 2^m30 betragen gemäß der Variation ihrer Teilchenzahl pro cm³ im Verhältnis 1:8,3. Im Phasenwinkelbereich von 6° bis 150° ergibt sich jedoch Schwächung der Helligkeit der Kurve mit der größten Teilchenkonzentration, im Phasenwinkelbereich von 150 bis 170° Verstärkung der Helligkeit.

Zur Deutung dieses Verhaltens kann noch ein anderer Effekt beitragen, der mit der Erzeugung der Wolken zusammenhängt. Nach der auf S. 205 beschriebenen Erzeugungsmethode sind die dichten Wolken wesentlich mehr mit größeren Teilchen angereichert als die dünnen Wolken. Die daraus resultierenden verschiedenen mittleren Teilchendurchmesser können natürlich ebenfalls den Kurvenverlauf für die verschieden konzentrierten Wolken beeinflussen. Diese Verhältnisse in weiteren experimentellen Versuchen zu klären ist sicher lohnenswert.

Die im vorliegenden Kapitel durchgeführten Betrachtungen sind für das Streulicht-Problem staubförmiger Wolken von allgemeinem Interesse. Für die Anwendung der Streufunktionen auf Probleme der interplanetaren Materie dürften sie jedoch nur bedingt von Interesse sein.

Die Teilchenkonzentrationen im interplanetaren Raum sind bestimmt wesentlich geringer als die im Experiment bis jetzt behandelten Teilchendichten. Die Mehrfachstreuung wird vermutlich im interplanetaren Raum überhaupt keine Rolle spielen, wogegen die Extinktion über lange Sehwege hinweg natürlich in Betracht gezogen werden muß.

Streulichtkurven von Zimmerluft

Um auch über wesentlich geringere Teilchenkonzentrationen noch etwas aussagen zu können, wurden Streufunktionen von Zimmerluft gemessen. In Abb. 23 ist die Phasenkurve von Zimmerluft wiedergegeben. Sie ist das Mittel von 2 Meßreihen,

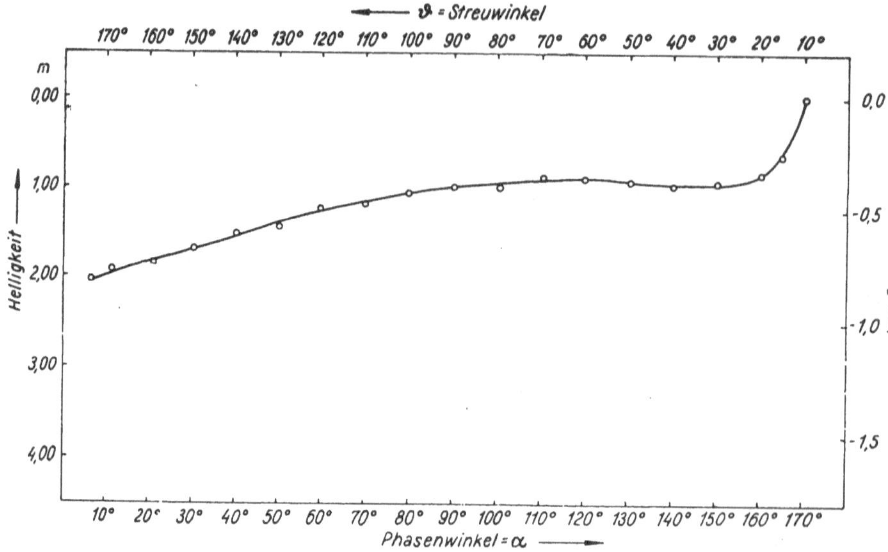

Abb. 23. Zimmerluft

Teilchenzahl $= 20 \cdot \text{cm}^{-3}$ (Quarzstaub, 1 μ)

$$\frac{\text{Teilchengröße}}{\text{Teilchenabstand}} = 1:3700$$

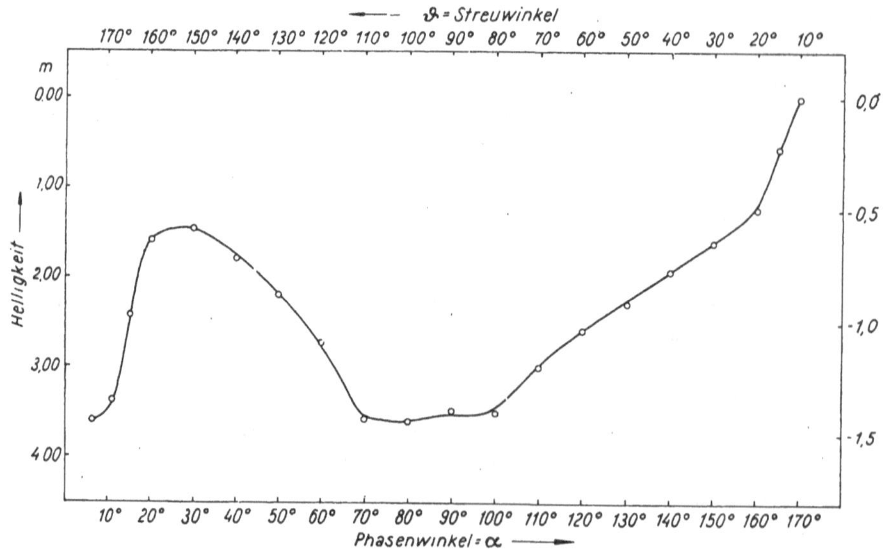

Abb. 24. Zimmerluft, mit Eisenpartikeln verseucht

Teilchenzahl $= 50 \cdot \text{cm}^{-3}$ (Karbonyleisen, 1—2 μ)

$$\frac{\text{Teilchengröße}}{\text{Teilchenabstand}} = 1:1800$$

die einen Monat nach ausführlichen Meßreihen an Raumwolken mit Quarzstaub stattfanden. Der Beleuchtungsraum war während dieser Arbeitspause sorgfältig gesäubert worden und befand sich vor Beginn der neuen Messungen im Zustand der Ruhe. Eine Probe mit dem Konimeter während der neuen Messungsreihen ergab 20 Teilchen · cm^{-3} von der Größenordnung 1 μ. Vermutlich handelt es sich um einige bei dem Meßvorgang aufgewirbelte Quarzpartikelchen. Man sieht aus Abb. 23, daß bei Zimmerluft die Abhängigkeit der Intensität vom Streuwinkel sehr gedämpft ist, die Form und der Verlauf der Kurve aber immer noch, wie auch zu erwarten war, der Form der Streufunktionen dielektrischer Teilchen entspricht.

In Abb. 24 ist eine Kurve wiedergegeben, die wie folgt entstand: Während längerer Messungsreihen an Wolken von Karbonyleisen wurde eine 24-stündige Unterbrechung eingelegt, derart, daß innerhalb dieser 24 Stunden keine Eisenstaubwolke mehr erzeugt wurde. Die am Anfang dieser Periode noch schwebenden Eisenteilchen hatten in den 24 Stunden Gelegenheit, zu Boden zu sinken. Eine Konimetermessung nach 24 Stunden bei Beginn der Messungen ergab noch einen Teilchengehalt von 50 Partikel · cm^{-3}, wobei diese Partikel sich als reine Eisentröpfchen von etwa 1—2 μ Durchmesser erwiesen. Die schweren traubenförmigen Zusammenballungen waren inzwischen abgesintert. Man sieht an der Kurve, die aus 4 Meßreihen gemittelt ist, daß diese 50 Partikel · cm^{-3}, mit denen die Zimmerluft noch verseucht war, genügen, um die typische, bereits in den Abb. 14 und 19 wiedergegebene Streulichtkurve metallischer Partikel auszuprägen. Man könnte sogar sagen, daß diese in Abb. 24 wiedergegebene Kurve die exakte Streufunktion eines einzelnen kugelförmigen Eisenteilchens von 1—2 μ Durchmesser darstellt.

Abschließende Bemerkungen und Vergleich mit anderen Autoren

Die vorliegenden Untersuchungen geben Streufunktionen wieder, die — mit einer Ausnahme (Abb. 24) — an nicht kugelförmig gestalteten Partikeln gewonnen wurden. Sie können deshalb nur schwer mit rechnerisch ermittelten Streufunktionen verglichen werden, die nach der Theorie von MIE gewonnen werden und denen rein kugelförmige Partikel zugrunde liegen. Der Wert der vorliegenden Untersuchung besteht gerade darin, daß Streufunktionen unregelmäßig geformter Teilchen gemessen wurden, die theoretisch-rechnerisch bis jetzt nicht behandelt werden konnten. Da man aber mit solchen Teilchen im interplanetaren Raum rechnen muß, erscheinen uns gerade diese experimentell ermittelten Streufunktionen nützlich.

Die Ergebnisse lassen sich mit drei in neuerer Zeit erschienenen Arbeiten vergleichen, die den Verfassern zugänglich geworden sind. Es handelt sich zunächst um die theoretische Untersuchung von Giese [4], die nach unserer experimentellen Arbeit entstand und in der u. a. auch Streufunktionen von Teilchengemischen auf elektronischem Wege nach der Mieschen Theorie gerechnet wurden. Die Größenordnung der Teilchen bzw. das Verhältnis von $\frac{\text{Teilchenumfang}}{\text{Wellenlänge}}$ ist das gleiche wie in unserer vorliegenden Untersuchung. Die in Abb. 9a und 9b der Gieseschen Arbeit ermittelten Streufunktionen ähneln sehr stark den von uns gefundenen Kurven. Eine später erschienene Arbeit von Giese und Siedentopf [5] enthält berechnete Streufunktionen und Polarisationskurven für Gemische von dielektrischen und metallischen Partikeln. Die Streufunktionen ähneln den von uns mitgeteilten Kurven, jedoch mit dem erheblichen Unterschied, daß das von uns bei Eisenteilchen gefundene sekundäre Maximum bei GIESE und SIEDENTOPF nicht bei metallischen, sondern gerade bei dielektrischen Partikeln ausgeprägter auftritt.

Eine dritte Arbeit, die zum Vergleich herangezogen werden kann, ist experimenteller Natur und stammt von WALDRAM [6]. Es handelt sich hierbei um die Messungen von Streufunktionen an einer stark durch Industriestaub verseuchten Atmosphäre über England, wobei die Streufunktionen in verschiedenen Höhen über Grund bis zu 610 m Höhe erhalten wurden. Diese Streufunktionen ähneln ebenfalls sehr stark den von uns beobachteten Kurven und zeigen, daß die in der Atmosphäre vorhandenen Teilchen von der gleichen Größenordnung, wie die von uns behandelten, gewesen sein müssen.

Eine Anwendung der in vorliegender und den vorhergehenden Untersuchungen [1, 2] gefundenen Streufunktionen und Polarisationskurven auf das Zodiakallicht-Problem wird einer besonderen Untersuchung vorbehalten. Zum Teil wurden die provisorisch veröffentlichten Ergebnisse [3] bereits von INGHAM [7] zu einer ähnlichen Arbeit mit herangezogen.

LITERATUR

[1] RICHTER, N., Experimentelle Untersuchungen zur Beleuchtung staubförmiger Wolken. I. Teil. Grobe Partikel. Veröff. Sternwarte Sonneberg, Bd. 2, Heft 6 (1956).

[2] RICHTER, N., Experimentelle Untersuchungen zur Beleuchtung Interplanetarer Materie. I. Teil. Photometrische Untersuchungen an Stein- und Eisenmeteoriten. Veröff. Sternwarte Sonneberg, Bd. 5, Heft 3 (1961).

[3] RICHTER, N., Experimentelle Untersuchungen zur Beleuchtung Interplanetarer Materie. Monatsber. Akad. Berlin, Bd. 1, Heft 12 (1959).

[4] GIESE, R. H., Streuung elektromagnetischer Wellen an absorbierenden und dielektrischen kugelförmigen Eisenteilchen und an Gemischen solcher Teilchen. Ztschr. f. Astroph. 51 (1961) 119—147.

[5] GIESE, R. H., und SIEDENTOPF, H., Optische Eigenschaften von Modellen der interplanetaren Materie. Ztschr. f. Astroph. 54 (1962) 200—216.

[6] WALDRAM, J. M., Quart. J. Roy. Met. Soc. 71 (1945) 319.

[7] INGHAM, M. F., Observations of the Zodiacal Light from a very high altitude station. IV. The nature and distribution of the interplanetary dust. M.N. 122, Nr. 2. (1961).

NIKOLAUS RICHTER

Experimentelle Untersuchungen zur Beleuchtung interplanetarer Materie, I. Teil

Photometrische Untersuchungen an Stein- und Eisenmeteoriten

(Veröffentlichungen der Sternwarte in Sonneberg der Deutschen Akademie der Wissenschaften zu Berlin, Band 5, Heft 3)

In Vorbereitung. Etwa 48 Seiten — 43 Abbildungen — 3 Tabellen — gr. 8° — etwa DM 6,—

Alle Untersuchungen über Struktur und Aufbau interplanetarer Materie benötigen die Kenntnis der photometrischen Eigenschaften interplanetarer Körper, wie sie durch das Reflexionsvermögen, die Phasenkurve bzw. Streufunktion und das Polarisationsvermögen definiert sind. Da diese Eigenschaften sehr stark vom Durchmesser der interplanetaren Partikel abhängen, hat der Autor es sich zur Aufgabe gestellt, auf experimentellem Wege für verschiedene Gruppen von Teilchendurchmessern diese photometrischen Eigenschaften zu ermitteln.

In dieser Arbeit werden Körper von der Größe 10^0-10^1 cm untersucht. Dabei wird mit echten interplanetaren Körpern in Form von Stein- und Eisenmeteoriten gearbeitet, die zum großen Teil auch noch die interplanetaren Oberflächen besitzen.

AKADEMIE-VERLAG · BERLIN

FSC
www.fsc.org
MIX
Papier | Fördert
gute Waldnutzung
FSC® C083411

Zeitfracht Medien GmbH
Ferdinand-Jühlke-Straße 7
99095 Erfurt, Deutschland
produktsicherheit@kolibri360.de